노자와 고양이에게 배우는 인생

괜찮아, 고양이

글 이토 준코
사진 미나미하바 슌스케
옮긴이 박미정

미디어샘

Contents

이토록 따뜻한 말 한마디 또 있을까

세상 모든 속박에서 벗어나 자유로운 삶을 산다면
얼마나 멋질까요. 하지만 정작 우리 삶은 마음먹은 대로
되지 않는데다 괴로운 일 투성입니다.
나름 열심히 살고는 있는데 정말 이대로 괜찮은지
불안해한 적이 한 번쯤은 있지 않나요?
우리는 때로 슬프고 자신감이 없어지거나,
지금껏 해온 노력이 다 부질없는 듯한 불안에
사로잡히기도 합니다.
저 역시 그랬습니다.
모든 것을 다 포기하고 싶던 때,
마침 길고양이 한 마리가 유유히
제 앞을 가로질러 갔습니다.
문득 고양이가 부럽다는 생각이 들었지요.

대체 고양이는
무슨 생각을 하며 살까?

고양이는 집고양이라도 독립적이고 자유분방합니다.
길고양이는 이러한 성향이 더 강해서 마음에 드는
곳이라면 어디든 보금자리로 삼지요. 그렇다면
자연 속에서 고양이는 무슨 생각을 하며 살아갈까요?
고양이는 안락한 장소 찾기의 선수입니다.
햇볕이 따사로이 내리쬐는 곳이나, 맛있는 생선을
맛볼 수 있는 양식장, 그늘이 살짝 드리워진 곳에서도
우리는 길고양이를 만날 수 있지요.
그런 고양이를 보고 있자니
노자의 '무위자연無爲自然'이라는 가르침이 떠오릅니다.

《노자(도덕경)》는 노자라는 인물이 쓴
고대 중국의 책입니다.
춘추전국시대라는 난세에는 수많은 사상가가
등장했습니다.
특히 당시에는 《논어》로 대표되는 유가사상이 크게
유행했습니다. 《논어》는 국가를 다스리려면
학문에 힘쓰고 자신을 갈고닦아야 한다는
가르침을 담고 있지요.
그러나 노자는 그런 '노력 지상주의'에 반기를 들며
있는 그대로의 모습, 즉 자연스러운 자세를 예찬했고
나아가 사회 규범이나 예의에 얽매이며 학문에만 힘쓰고
경쟁하는 것을 꾸짖고 비판했습니다.
그 대신 하늘과 물처럼 있는 그대로
담담하게 살라고 했습니다.
'있는 그대로'는 무언가를 하려고 애쓰지 않는 것입니다.
묘목이 자라서 담담하게 큰 나무가 되어가는 것처럼
말입니다.
자랑하지 않고 알리지도 않으며 눈에 띄지도 않지만,
아는 사람만 알면 그만입니다.
이처럼 노자는 의연한 삶을 강조합니다.
그리고 누군가에게 인정받으려 하지 않고
자연스럽게 행동하면 오히려 결과적으로는
자신과 다른 사람에게 도움이 된다고 말합니다.

그저 그 자리에 있는 것만으로도
충분하다는 것입니다.

《노자》는 총 81장으로 이루어진 산문입니다.
스토리나 기승전결 같은 것은 없습니다.
전반에 걸쳐 '무위자연'을 주제로
자연 만물의 속성과 기원에 대해 이야기하며
있는 그대로 살아가기 위한 조언을 던질 뿐입니다.
때로는 생명을 잉태하는 어머니나
순진무구한 아기와 같아야 한다고 충고하면서,
나만의 방식으로 살아가라고 말합니다.

물처럼 부드럽게 흐르지만,
그러면서도 강하게 한곳으로 나아가는,
자연스러운 삶을 사는 것이
이상적이라는 이야기입니다.

나를 내세우지 말고 욕심도 버리고
쓸데없는 것을 소유하지 말고 겸허하게,
때로는 들판의 이름 모를 풀처럼,
길가에 굴러다니는 돌멩이처럼 말입니다.
노자의 사상은 자본주의와 경쟁사회 속에서
지칠 대로 지친 현대인들의 마음에 안정을 찾아줍니다.
이렇듯 노자의 사상에는 삶의 벽에 부딪혀
'이대로 괜찮을까?' 하며 고민할 때
'그대로도 괜찮아'라고 말해주는 다정함이 있습니다.
길고양이들은 꼭 그런 노자의 가르침을
실천하며 살아가는 듯 보입니다.
자, 이제 잠깐 걸음을 멈추고
함께 그 따스함을 느껴보는 건 어떨까요?

자신을 드러내지 않지만 당당한
고양이처럼 말입니다.

지금
이순간

대가를 바라지 않는 사랑

인생을 '기브 앤 테이크Give and Take'라고 생각하는 사람은
대가가 없으면 행동하지 않더군요.
보상이 없으면 비난도 서슴지 않습니다.

상대에 대한 배려는
뭔가를 바라고 베푸는 것이 아닌
무상의 사랑이어야 합니다.

어머니의 사랑을 한번 생각해보세요.
자식에게 사랑을 준다는 의식조차 없어요.
그저 자연스럽게 행동할 뿐
자식에게 사랑을 줬는지 안 줬는지
따지지 않습니다.
그렇기에 더욱 빛나는 것이겠지요.

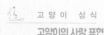 고양이 상식

고양이의 사랑 표현

고양이가 눈을 깜빡이면, "사랑해"라고 말하는 것이다. 고양이가 3초 정도 눈을
감는 것은 '당신을 공격할 생각이 없습니다'라는 뜻으로 이것은 자신이 완전히
굴복했음을 표현하는 신뢰의 메시지이기도 하다.

내가 잘한 일을 알리고 싶을 때

높이 서겠다고 까치발로 서면
오래 서 있을 수 없고,
멀리 가겠다고 다리를 한껏 벌려 걸으면
오래 걸을 수 없습니다.
나를 드러내려고 자랑하면
내가 드러나지 않는 법입니다.

아무리 훌륭한 일을 해도
으스대는 순간 끝입니다.

지위나 직함을 자랑하지 않아야
그 지위를 오래 유지할 수 있습니다.
스스로 자랑하지 않아야
내가 더 드러나는 법입니다.

고양이에 관한 신기한 이야기

냄새 맡는 입

고양이는 냄새를 입으로도 맡는다. 고양이 앞니 뒤쪽 입천장에는 고양이만의 후
각기관이 존재한다. 이 기관을 통해서 입으로 냄새를 맡을 수 있다. 때문에 고양
이에게 먹이를 가져다줄 때는 입가로 가져다주는 것이 좋다.

나만 뒤떨어진다고 느낄 때

눈에 띄는 사람들과는 달리
조용히 지내는 사람은
왠지 뒤떨어진 것만 같습니다.
주변 사람들은 뭐든 척척 해내는데
나만 제자리에 머무는 것 같고
모두들 밝기만 한데
나만 우울합니다.
나 혼자만 격랑의 바다 같고
줏대 없이 바람에 이리저리 흔들거리기만 하고
어딘가 촌스럽기 그지없습니다.
하지만

다른 사람과 달라도
나는 나라는 사실

그거 하나면 충분합니다.

유명한 고양이

캣츠

1년에 한 번 열리는 젤리클 고양이들의 축제를 그린 뮤지컬 〈캣츠〉는 고양이로
분장한 배우들의 화려한 춤과 음악 등 환상적인 무대로 오랫동안 사랑받고 있다.
30개국이 넘는 나라에서 공연한 〈캣츠〉는 〈레미제라블〉 〈미스 사이공〉 〈오페라
의 유령〉과 더불어 전 세계 사람들이 꼭 봐야 할 4대 뮤지컬로 선정되었다.

다른 사람에게 신뢰를 얻으려면

다른 사람과의 관계에서는
누군가에게 도움을 주어야 신뢰를 얻을 수 있습니다.
그러나
눈에 띄려고 노력할 필요는 없습니다.
가령 내가 도움을 준 덕에
그가 큰 성공을 거뒀다 칩시다.
정작 그는 내 덕분이라 생각하지 않고
자기 힘으로 이뤄냈다고 생각할 겁니다.
그래도 그냥 내버려두세요.

상대에게 베푼 덕을 인정받지 못해도
마땅히 할 일을 했다는 사실은
변하지 않으니까요.

자연의 힘으로 사계절이 바뀌어도
자연은 말이 없습니다.
그 누구도 고마워 하지 않아도
나를 인정하는 사람 하나 없어도
묵묵히 내 일을 해나가세요.
자연이 그렇듯 말입니다.

고 양 이   잡 학 사 전
남자보다 여자 목소리를 더 잘 듣는다

고양이가 가장 잘 들을 수 있는 주파수는 아기 고양이의 울음소리에 해당하는
2000~6000Hz로 고음역대다. 고양이는 낮고 굵은 남성의 목소리보다 얇고 높
은 여성의 목소리를 더 잘 듣는다.

아는 척, 할까 말까

우리는 살아가면서
많은 것을 배웁니다.
하지만 모르는 것이 더 많다는 사실을
인정하고 받아들여야 해요.

모르면서도
아는 척하는 것은
일종의 병입니다.

그 병에 걸리지 않기 위해서는
'아는 척이 병'이라는 사실부터
알아야 합니다.

고양이 잡학사전
고양이의 주식은 생선?

'고양이가 가장 좋아하는 음식' 하면 생선을 떠올린다. 그러나 생선을 좋아하는
고양이는 생각보다 많지 않다. 고양이에게 없어서는 안 되는 타우린은 생선, 어
패류에 많이 함유되어 있긴하지만 사실 고양이는 예전부터 쥐를 잡아먹으며 타
우린을 섭취했다. 염분이 많은 생선을 자주 먹으면 건강에도 좋지 않다.

나를 드러내고 싶을 때

천둥번개나 폭풍우는
아무리 길어도 하루 이상
계속되지 않습니다.

나를 드러내고 싶어
말을 많이 하는 것은
한 차례 휩쓸고 가는
폭풍우와 같습니다.

미사여구로 치장한 백 마디 말보다
진심어린 한 마디 말을 남기세요.

고 양 이 에 관 한 재 미 있 는 이 야 기

복권에 당첨된 고양이

중국 다롄에서 고양이가 조합한 복권 번호가 2등에 당첨되었다. 고양이의 주인
인 왕씨의 설명에 따르면 이 똑똑한 고양이는 번호를 직접 발로 누른 뒤, 마지막
으로 '확인' 버튼까지 눌러 깔끔하게 출력을 마무리했다고 한다.

마음의 소리에 귀 기울이기

아무데도 가지 않아도
세상일을 알 수 있습니다.
밖을 보지 않아도
계절이 변하고
생명이 움트는 것을 알 수 있잖아요.

우리는 밖에서의 경험을 중요하게
생각합니다.
물론 이런 경험도 좋지요.
하지만 온갖 신경을 쓰며 바깥에만
관심을 쏟아버리면
나의 중심을 잃어버리고 맙니다.

부질없이 밖을 보지 말고
조용히 마음의 소리를 들어보세요.

정말 중요한 것은 밖이 아닌 안에 있으니까요.

고 양 이   상 식

고양이 잠

고양이는 하루 평균 16시간을 잔다. 하지만 사람처럼 숙면을 하지 않고 가벼운
잠을 잔다. 때문에 깊은 잠을 자지 않고 가볍게 잠이 드는 것을 보통 '고양이 잠'
이라고 부른다.

그 사람의 힘을 빼앗고 싶다면

건방지게 떠드는 사람을 아무 소리 못하게 하려면
하고 싶은 말을 맘껏 하도록 내버려두세요.
지그시 눌러주고 싶은 사람이 있다면
원하는 만큼 올라가도록 그저 지켜보세요.
힘을 빼앗고 싶은 사람이 있다면
원하는 만큼 기세를 떨치도록 내버려두세요.

빼앗고 싶다면
일단 주어야 합니다.

강한 것은 언젠가 약해집니다.
좋은 일이 생기면 안 좋은 일도 생기기 마련입니다.
오르막이 있으면 내리막이 있지요.
달도 차면 반드시 기웁니다.
그러니 지금 어려운 일이 있더라도 걱정마세요.
만사는 이렇게 반복되는 것이니까요.

고 양 이   상 식

고양이의 눈

사람보다는 훨씬 못하지만 고양이도 색을 구별할 수 있다. 또한, 고양이 망막 뒤
에 '타페탐'이라는 얇은 막이 빛을 반사해 적은 빛으로도 앞을 볼 수 있어 어두운
밤에도 활동이 가능하다.

욕망을 멈출 수 있다면

우리는 누구나
성공을 꿈꿉니다.
스펙을 쌓기 위해,
재산을 늘리기 위해
애쓰지요.

적당할 때 멈추지 못하기 때문에
정작 가장 중요한 건강을 해치면서까지
부와 명예를 좇습니다.
욕망이란 원래 가질수록 더 생기기 마련입니다.

지금 우리에게 필요한 것은
욕망을 없애겠다는
욕망이 아닐까요.

유명한 고양이

피트

'피트'는 미국 작가 로버트 앤슨 하인라인이 1957년 발표한 SF소설 《여름으로
가는 문》의 주인공이 사랑한 고양이다. 휴대전화도 인터넷도 없던 시절에 쓰인
미래 소설이지만 지금 읽어도 손색 없을 만큼 흥미진진한 시간 여행을 그려냈다.

조직의 힘을 키우는 법

조직의 힘을 키우기 위해
윗사람이 아랫사람에게
강압적으로 일을 시키고
다그치면 오히려 그 조직은
힘을 잃습니다.

아랫사람이 자연스럽고 편안하게
일을 할 수 있도록
뒤에서 밑에서
북돋아주기만 하면 어떨까요.

아랫사람을 억누르지 않고
격려로 대하는 조직은
힘이 저절로 커집니다.

고 양 이 상 식

고양이의 수염

고양이의 수염은 고도로 발달된 감각기관이다. 풍향의 변화를 측정하고 빛이 없는 곳에서도 움직임을 감지할 수 있다. 또한, 꼬리와 함께 몸의 중심을 잡아주는 역할을 한다.

누구에게나 배울 것은 있다

뛰어난 사람은 선善의 에너지를 잘 다룹니다.
어떤 사람을 대하더라도
선의 에너지를 믿고 그것을 이끌어낼 수 있지요.
세상에 쓸모없는 사람은 없습니다.
하나라도 장점을 가지고 있지 않은 사람 또한 없습니다.

선을 행하는 사람뿐만 아니라,
선을 행하지 않는 사람에게도
배울 점은 있습니다.

지금, 너무 미워서 가까이 대하기 싫은 사람의
얼굴을 떠올리며
그 사람의 장점을 한 가지 떠올려
보는 것은 어떨까요.

고양이 잡학사전

고양이 일기예보

고양이가 세수하면 비가 온다는 말이 있는데 전혀 근거 없는 이야기는 아니다.
습도가 높아지면 고양이의 수염이 처지기 때문에 그것이 신경 쓰여 수염을 청소
하는 것이기 때문이다.

유연해야 산다

인간이나 짐승은
태어날 때는 연약하지만
죽을 때는 단단하게 경직됩니다.
어떤 것이든
처음에는 초목처럼 무르고 약하지만
죽을 때는 마르고 딱딱해집니다.

완고하게 고집하는 것은
죽어가는 것이며
유연하고 연약한 것은
살아 있다는 증거입니다.

곧은 나무는 바람에 부러지고 맙니다.
반면 여린 풀잎은 그저 휘어질 뿐이지요.
진정 강해지려면
약하고 부드러운 모습을
소중히 여기세요.

고양이에 관한 신기한 이야기

형광 고양이

경상대학교 농업생명과학대학 교수팀이 '형광 고양이'를 탄생시켰다. 고양이의 피부세포에 붉은 빛을 내는 형광단백질 유전자를 삽입하여 만든 것이다. 형광 고양이는 단순히 신기함을 넘어 유전적 결함 치료와 신약개발 등에 사용될 것이라고 한다.

있는 그대로 살 수 있을까

있는 그대로 사는 것이
보람도 없고
의미도 없을 것 같지만
거기에는 자연스러움이 있습니다.

인위적이지 않기에
아름다울 수 있는 것입니다.

자신을 눈부시게 빛나게 하려고 안간힘을 쓰기보다
그 빛을 누그러뜨리고
작고 은은한 조명이 되어보세요.
자연스럽게 빛나는 것이
더 아름다운 것입니다.

🐾 고양이 잡학사전

고양이 자리(Felis)

프랑스의 천문학자 제롬 랄랑드가 18세기에 만든 별자리다. 랄랑드가 키우던 고
양이를 모델로 만들었다고 하나, 아쉽게도 널리 보급되지는 않았다.

진정한 성공이란

최고가 되어 세상을 휘어잡겠다고 해도
생각처럼 될 리 없습니다.
세상을 평정하겠다고 나서지만
성공하기는 어렵습니다.
그것은 인간의 지혜를 넘어선
영역이기 때문입니다.

자연이나 사회나 그 안에는
흘러가는 리듬이 있습니다.
그 리듬을 바꾸려고 노력해도
헛수고가 되기 십상입니다.

설령 그것을 바꿨다고 해도
고통이 따르기 마련이지요.
혹시 지금 고통이 따르는 성공을 좇아
헤매고 있는 것은 아닌가요?

고양이 잡학사전
고양이의 지문

고양이는 사람과 달리 손 대신 코에 있는 무늬로 자신을 나타낸다. 사람의 지문
처럼 코의 무늬가 고양이마다 각기 달라 이것으로 서로를 구분할 수 있다.

아무 생각 없이 살면 안 될까

아무것도 하지 않고 살면 안 될 것 같지만
사실 안 될 것도 없습니다.
사람들은 목표를 정하고 그것을 이루려고 애쓰지만
욕심이 과해지고 지나치게 애쓰다보면
목표를 이루기도 힘들어집니다.

오히려 억지로 하지 않는 행동에는
자연스러움이 있어
안 되는 일이 없습니다.

그러고 보니
'아무것도 하지 않는다는 것'은
너무 자연스럽게 행하기에
행함이 있는지도 모르는 것이라
할 수 있겠군요.

고양이에 관한 신기한 이야기

야누스 고양이

얼굴이 두 개인 '야누스 고양이'가 태어났다. 2013년 6월, 미국 오리건주 아미티
에서는 머리가 두 개인 고양이가 모습을 드러냈다. 암컷인 '두시'의 얼굴에는 눈
4개, 코 2개, 입 2개가 달려 있었고 기형인 얼굴에 비해 장기는 건강한 것으로
확인됐다. 얼굴이 두 개인 '야누스 고양이'는 일반적으로 오래 살지 못한다고 알
려져 있다. '야누스 고양이' 중 가장 오래 산 고양이는 12년간 생존해 2011년 기
네스북에 오른 프랭크와 루이가 있다.

꼼짝 마!

내가
원하는 대로

온갖 고민에 지치지 않으려면

온갖 고민에 마음이 지쳤다면
아기처럼 호흡을 가다듬고
긴장을 풀어보세요.
아기는 억지로 하는 행동이
하나도 없습니다.
마치 자연의 일부 같아요.
하루 종일 울어도 목이
쉬지 않는 것만 봐도 알 수 있습니다.

주변에서 일어나는 일을
유연하게 받아들이세요.

내가 해결해야 한다는 강박에서 벗어나
흘러가는 대로 놔두세요.
아기가 자라나듯
자연스럽게 지나갈 것입니다.

🐱 **고양이 상식**

고양이 혀

고양이는 뜨거운 것을 잘 못 먹는다. 고양이의 혀는 민감한 신경세포로 이루어져
감각이 매우 예민하기 때문이다. 뜨거운 것을 못 먹는 사람을 '고양이 혀'라고 부
르는 것은 이 때문이다.

인정받으면 좋을까

무언가를 이루려고 안간힘을 쓰는 이유가 무엇인가요?
겉으로 드러나 보이는 직위를 얻어
다른 사람에게 인정받기 위한 것은 아닌지
생각해봐야 합니다.
사람들이 부러워하는 명함을 내밀기 위한 것은
아닌지 말이지요.
그 어떤 존재도 처음엔 이름이 없었습니다.
다른 것과 구별하기 위해 이름을 붙였을 뿐이지요.

하지만 이름이 붙는 순간
그 안에 갇혀버리고 맙니다.

모두가 부러워할 더 좋은 이름을 갖는 것에만
관심을 쏟고 마니까요.

이름이 없어도 나는 여전히 존재합니다.
이름 따위 없어도 괜찮습니다.
내가 어떤 모습으로 존재하느냐 하는 것보다
내가 존재한다는 것 그 자체가 중요하니까요.

🐾 고 양 이 에   관 한   맛 있 는   이 야 기

검은 고양이 와인

독일 모젤 지방에서 생산되는 젤러 슈바르체 카츠라는 와인의 라벨에는 검은 고
양이가 그려져 있다. 검은 고양이가 앉아 있던 통의 와인 맛이 좋았다는 전설 때
문이다.

어려운 일에 부딪혔을 때

길다고 말할 수 있는 것은
짧음이 있기 때문입니다.
하지만 이러한 성질이
항상 고정되는 것은 아니에요.

더 긴 것 앞에서는 긴 것도
짧은 것이 될 수 있으니까요.

많고 적음, 높고 낮음, 앞뒤.
우리가 극과 극에 있다고
여겨왔던 것들도
결국 같은 선상에 존재하고 있다는 것이
느껴지나요.
어렵다고 생각되는 일에 부딪혀 있을 때
이렇게 생각해보세요.
어렵고 쉬움,
이것은 고정된 성질이
아니라는 것을 말이죠.

 고 양 이 상 식

물이 싫은 이유

고양이는 사막에서 태어난 동물로 알려져 있다. 사막에서 태어난 동물의 본능 이
외에도 고양이의 털은 방수가 잘 안 돼서 물에 젖게 되면 무게가 많이 나간다.
때문에 고양이는 대부분 물을 싫어한다.

차라리 열정을 버려라

열정은 삶을 성장시킵니다.
하지만 지나친 열정은
일을 망치고 말아요.

어떤 것에 지나친 애정을 쏟는 것은
열정이 아니라 집착입니다.

목표를 이루고 싶다면
열렬하게 매달리지 말고
차라리 '어떻게 되든 상관없다'는 마음가짐으로
임하세요.
'이렇게 하고 싶어' '저렇게 하고 싶어' 하고
안달하면 할수록
마음먹은 대로 되지 않는 것이
인생입니다.

고 양 이   상 식
높이뛰기 선수

고양이는 탄력성이 뛰어난 인대와 신축성이 좋은 근육 덕분에 자신의 몸집에 5배
가 넘는 높이를 쉽게 뛰어넘을 수 있다. 거기다 균형감각도 좋아 좁은 담벼락 위
에 올라가 있는 모습을 자주 목격할 수 있다.

내가 가장 좋아하는
시간이다옹. 이야기는 나중에
하자냥.

나는 훌륭한 리더일까

훌륭한 리더에게
사람들은 친근감을 느끼고
칭찬을 합니다.

어떤 일이 성공적으로 마무리되었을 때,
모두 그 리더의 리더십에 박수를 보냅니다.
하지만 이보다 더 훌륭한 리더가 있습니다.
그 리더는 있는 듯 없는 듯하여 사람들이
그의 존재감을 느낄 수 없을 정도입니다.
너무 자연스럽기에 의식조차 되지 않습니다.
이런 리더 밑에 있는 사람들은
일이 성공적으로 마무리되었을 때,
리더 대신 자신에게 박수를 보냅니다.

자신에게 보람을 느끼며 사는 사람이
많을수록 일은 더욱
성공적으로 진행되겠지요.

진정한 리더란 보이지 않는 고마운 존재입니다.

고양이 잡학사전
세상에서 제일 나이 많은 고양이

나이가 많아 기네스북에 등재된 고양이가 있다. 세계에는 다양한 기록을 보유한
고양이들이 많겠지만 최장수로 기네스북에 등재된 고양이는 34년을 산 '그랜드
파'라는 이름의 스핑크스 고양이다. 사람의 나이로 치면 152세라고 한다.

의연함의 조건

무거운 것은 가벼운 것의 뿌리입니다.
땅은 세상 모든 것의 뿌리이지요.
세상 모든 짐을 지고 있지만
굳건히 그 자리를 지킬 뿐입니다.

우리는 땅의 무거움을
본받아야 합니다.
무겁게 짓누르는 일이 있더라도
조바심 내며 흥분하지 말고
침착해야 합니다.
상대의 달콤한 말에 현혹되어
경솔하게 움직이지 않아야 합니다.

나의 뿌리가 단단하다면
그 어떤 일에도
의연할 수 있을 것입니다.

🐾 고 양 이 상 식

고양이의 황금기

처음 고양이가 반려동물로 받아들여진 것은 고대 이집트 시대다. 당시 고양이는
쥐와 같은 해로운 동물로부터 창고의 곡식을 지켜준다고 하여 매우 귀한 동물로
여겨졌다. 그 위상이 얼마나 높았는지 고양이를 죽인 사람에게는 사형과 같은 무
거운 형벌을 내렸다고 한다.

지치지 않게 도전하는 법

모든 일에는 움직이는 방향이 있습니다.
이 방향을 생각하지 않고
무작정 해내겠다고 덤비면
탈이 나는 것을 피할 수 없습니다.
내려가는 에스컬레이터에서
올라가겠다고 애쓰는 것처럼
어리석은 일이 되는 것이지요.

흐름에 맡기세요.

유 명 한 고 양 이

고양이 삭스

'삭스Scoks, 1989년 3월 23일~2009년 2월 20일'는 고양이계의 유일한 퍼스트캣으로, 미국의 빌 클린턴 전 대통령이 기르던 고양이다. 발에 흰 양말을 신은 것처럼 털이 난 인기가 높은 '턱시도 고양이'다.

드러내지 않는 것의 의미

내가 다른 사람을 도와주었는데,
상대방이 나의 공을 인정해주지 않으면
화가 납니다.
다른 사람을 도와주는 것은 좋은 일이지만
이렇게 내 기분을 망쳤다면
좋은 일이라 할 수 있을까요?

선한 행위는 물과 같습니다.
물은 낮은 곳을 향해 흐를 뿐
자신의 공로를 인정해 달라고
바라지 않지요.

따지고 보면 우리 몸의 대부분이 물로
이루어져 있음에도
물은 그것을 드러내려 하지 않습니다.
그저 묵묵하게 자기 할 일을 해낼 뿐이지요.

 고 양 이 상 식
고양이의 청각

사람과 고양이는 저음대에서는 비슷한 청음구간을 보이지만, 고양이의 예민한
귀는 높고 큰 소리에 민감하다. 따라서 집에서 청소기를 돌린다면 고양이는 잠시
다른 곳으로 옮겨주는 것이 좋다.

소중한 것 세 가지

보석처럼 소중하게 간직해야 할
세 가지 신조가 있습니다.
첫째는 사람들을 사랑으로 대할 것,
둘째는 아껴 쓸 것,
셋째는 나서는 것을 좋아하지 않을 것.

상대를 사랑하는 마음 없이
용기만 있고,
절약하지 않고 쓰기만 하고,
뒤에 있지 못하고
앞장서기만 좋아하는 것은
겉모습에 너무 신경 쓴
결과입니다.

겉이 아닌 속을 돌보며
주변 사람들을 소중히 여기면
그들도 나를 소중히 여길 것입니다.

고양이에 관한 맛있는 이야기

고양이 떡

일본 간사이 지방에서는 갓 찧은 동그란 모양의 떡 덩어리를 '고양이 떡'이라고
부른다. 웅크리고 있는 고양이처럼 보이기 때문이라는 설과, 동그란 모양의 떡이
고양이의 손처럼 보이기 때문이라는 설이 있다.

좋은 결과를 얻고 싶다면

두 팔을 활짝 벌려 안아야 할 정도로
커다란 아름드리나무도
그 시작은
작은 씨앗이었습니다.
높은 건물도 한 줌 흙이 모여 이루어진 것이며
천릿길도 한 걸음에서 시작됩니다.
강철도 무른 것은 녹이기 쉽고
크기가 작으면 부수기도 쉽습니다.
형태가 굳어지기 전에 손을 쓰면
모양을 쉽게 잡을 수 있지요.

시작이 반이라고
조금씩 하나하나 쌓아올리세요.

일이 커지기 전에 시작하면
쉽게 해결할 수 있습니다.

고 양 이 　 잡 학 사 전
단맛을 느끼지 못하는 고양이

고양이는 단맛을 느끼지 못한다. 육식을 하는 고양이에게는 단맛이 전혀 중요하
지 않기에 단맛을 뇌로 전달하는 미각수용체가 발달하지 않은 것이다.

천릿길도
한 걸음부터다냥.

작아도 중요한 이유

어린 나무는 당장 쓰기에는 힘들지만
언젠가 큰 나무가 되면
쓸모가 생깁니다.

지금 쓸모없는 것이라도
귀하게 여길 줄 아는 안목이 필요합니다.

필요를 목적으로 취할지 버릴지
판단하라는 의미가 아닙니다.
귀한 것과 귀하지 않은 것이 따로
떨어져 있는 것이 아니라는 이야기입니다.

고양이에 관한 신기한 이야기

오드아이

양쪽 색깔이 다른 눈을 '오드아이Odd-eye'라고 한다. 일본에서는 황색과 은회색
계열의 조합일 경우 '금눈 은눈'이라 부르는데 이런 고양이는 행운의 상징으로
여긴다.

쉽게 부자 되는 법

만족할 줄 아는 마음을 갖는 것이
부자가 되는 지름길입니다.
물질적으로 가난하다고 느끼나요?
상대방과 비교하지만 않는다면
부족함이 없다는 것을 알 수 있을 것입니다.
입고, 먹는 것이 부족해서
가난하다고 느끼는 것이 아니니까요.

만족할 줄 알면
부족하지 않습니다.

고 양 이   잡 학 사 전

새우등

고양이의 등뼈는 약 60개로, 이 덕분에 유연성이 있고 운동능력이 뛰어나다. 그
에 반해 인간의 등뼈는 34개뿐이니 고양이 등에 견줄 바가 못 된다.

사랑스런
나의 바디.

바쁠 때 꼭 생각해야 할 것들

아무리 사는 게 바쁘다 하더라도

내가 무엇을 위해
살아가고 있는지 알아가는
시간을 가져야 합니다.

전체를 보는 힘이 생기면
작은 일에 우왕좌왕하지 않습니다.
시간이 지나면 자연히 주어질 것들을
지금 갖겠다고 매달리며
힘을 빼고 있는지도 모를 일입니다.
당장 내일 닥칠 일을 생각하며 조급해 하기보다
긴 인생 중에 하루를 살고 있다고 생각하면
조금은 통 크고 여유로운 삶이
가능해지지 않을까요.

고 양 이   잡 학 사 전
수염과 눈꺼풀의 관계

고양이의 수염을 건드리면 고양이는 순간적으로 눈을 깜빡거린다. 수염과 눈꺼
풀이 반사활이라는 신경경로로 이어져 있기 때문이다. 이로 인해 고양이는 수염
에 이물질이 닿으면 반사적으로 눈을 감게 된다.

꾸밈없는 마음으로

겉만 번지르르한 미사여구는
진심이라 할 수 없습니다.

진실한 말은 굳이 화려한 수식어로
장식할 필요가 없기에 소박합니다.

음식으로 치면
분위기 좋은 레스토랑의 잘 차려진
보기 좋은 음식과는 반대되는
심심하고 맛없어 보이는 음식입니다.
단순하고 평범해서
별 볼일 없어 보이지요.
하지만 잘 생각해볼 일입니다.
원래 심심하고 평범한 것이
몸에는 더 좋은 법이니까요.

고 양 이 상 식

콧등 키스

고양이는 마주칠 때마다 서로 코를 맞댄다. 이는 서로의 냄새를 확인하기 위한
과정이다. 사람이 손가락을 뻗으면 코를 갖다 대는 것도 이 때문이다.

이건 불행일까 행복일까

불행,
그 안에 행복이 잠들어 있습니다.
행복,
그 어딘가에 불행이 숨어 있습니다.

행복과 불행.
어느 쪽이 좋은지는 알 수 없어요.

지금 나에게 뛸 듯이 기쁨을 안겨주는 일이라도
나를 울게 만들 수 있고,
나를 슬프게 했던 그 일이
다시 즐거움을 가져다주기도 합니다.

불행과 행복이 엮여 있는 것이
우리 인생이지요.

그러고 보니 슬프다고 크게 울 일도 아닙니다.

고 양 이   잡 학 사 전
고양이의 섬

일본 남쪽에 위치한 섬 '아오시마'는 사람보다 고양이가 10배 이상 많아 고양이
의 섬이라고 불린다. 섬에 살고 있는 고양이들은 대부분 주인이 없는 길고양이로
섬은 고양이 덕분에 관광명소가 되었다.

완전하지 않아도
괜찮아

03

진짜 강한 사람이 되려면

주먹이 센 사람을
강한 사람이라고 부를 수 있을까요.
진짜 강한 사람은 주먹을 쓰지 않습니다.
힘이 센 것이 아니라,
내면이 강하기에
누구나 화나고 분노할 만한 일도
침착하고 지혜롭게 풀어냅니다.
큰 어려움도 요란스럽게 큰소리를 내지 않고,
차분하고 조용하게 해결해냅니다.
다른 사람을 때려눕히는 능력이 아니라

자신의 마음을 다스릴 수 있는
능력을 가진 사람이
진짜 강한 사람입니다.

고 양 이   잡 학 사 전
제주도 고양이 공원

제주도 김녕 미로공원은 고양이 공원으로 불린다. '더스틴'이라는 교수가 먹이를
주던 길고양이 한 마리가 어느 날 새끼를 데려왔고, 3대를 걸치며 대가족을 이루
게 되었다. 이곳에서는 고양이를 무서워하던 아이들도 고양이와 쉽게 친해질 수
있을 만큼 고양이가 모든 사람들에게 친화적이다.

부드러운 것이 힘

물은 자기 주장을 내세우지 않습니다.
그릇에 담겨 있는 물의 모양을 보세요.
그릇의 형태에 따라
달라진 물의 모양을 볼 수 있습니다.
이런 성질은 물을
아주 작은 틈이라도 들어갈 수 있는
힘을 줍니다.
나의 주장을 강하게 내세우기보다는
상대방의 의견에 맞추고 수긍하면 어떨까요.

물방울이 바위를 뚫듯이
가장 부드러운 것이 가장 강한 것을
이기기도 하니까요.

고 양 이   잡 학 사 전

고양이의 날

세계적으로 통용되는 '고양이의 날International Cat Day'은 8월 8일이다.

내려놓아도 괜찮은 것

물이 가득 찬 그릇을 갖고 있으면
넘칠까봐 전전긍긍하게 됩니다.
너무 벼린 칼날은 금방 이가 빠져버려
오래가지 못합니다.

물이든 칼날이든
적당한 것이 좋습니다.

재산도 마찬가지입니다.
감당 못할 만큼 모으면
누가 훔쳐갈까 봐 걱정으로 밤을 지새느라
다른 일을 할 수가 없어요.

이겼으면 지기도 하고
정상을 밟았으면 내려와야 하는 것이
세상의 순리입니다.

내가 무언가를 너무 많이 쥐고 있다는 생각이 든다면
내려놓아도 괜찮아요.

고양이 잡학사전
고양이의 발바닥

고양이 발바닥에 있는 패드는 말랑말랑해서 '젤리'라고도 불린다. 폭신폭신한 고
양이의 발바닥은 움직이는 소리를 없애주는 쿠션 역할을 하면서 높은 곳을 좋아
하는 고양이를 위한 미끄럼 방지 기능도 있다.

소박하고 행복한 삶

사치스러운 패션은 눈을 멀게 합니다.
현란한 음악은 귀를 먹먹하게 합니다.
산해진미는 혀를 망칩니다.
도박은 마음을 뒤틀어놓습니다.
분수에 넘치는 돈은
행동을 제멋대로 조종합니다.

그렇다고 세상 사는 재미를
누리지 말라는 이야기는 아닙니다.

우리의 삶을 아름답고 풍요롭게 해주는
즐거움에 지나치게 빠지게 되면
우리가 즐거움을 누리는 것이 아니라
그것들이 우리를 지배하는 신세가
될 수 있음을 경고하는 것입니다.

즐거움도 지나치면
고통이 되니까요.

고양이 잡학사전

턱 여드름

고양이 턱에는 땀샘이 집중되어 있다. 턱에는 혀가 닿기 어려워 스스로 닦을 수
없기 때문에 여드름이 생기기 쉽다. 특히 어린 고양이는 여드름이 잘 생기기 때
문에 가끔씩 젖은 면 등으로 닦아주면 좋다.

완전하지 않아도 괜찮아

구불구불 휘어진 나무는
벌목되지 않고 천수를 누립니다.
푹 꺼진 땅에는 물이 채워질 수 있지요.
자벌레는
몸을 한껏 움츠린 다음에야
앞으로 뻗어 나아갈 수 있습니다.
비어지고, 채워지고,
굽어지고, 곧아지는 것은
따로 떨어져 존재하는 것이 아닙니다.

완전하지 않기에
온전할 수 있는 것입니다.

고 양 이 잡 학 사 전

우유는 아기 고양이의 음료수?

'홀짝홀짝'. 아기 고양이가 목을 축이는 모습을 상상하면 흔히 입가를 하얗게 적
시며 마시는 우유가 떠오른다. 그러나 우유는 아기 고양이에게 좋은 식품은 아니
다. 우유는 어미젖에 비해 묽고 단백질과 지방이 적어서 성장이 더디고 소화계통
에 문제를 줄 수 있다.

화해보다 좋은 것

살다보면 다툼이 생깁니다.
다행히 일이 잘 해결되어
화해를 하게 되면
좋은 일이지요.

하지만 화해를 하더라도
다퉜을 때의 감정이
마음속에 남습니다.

그러니 싸우고 화해하는 것보다
더 좋은 것은
다툼 없이 사는 것입니다.
상대방을 배려하고 자신을 낮추면
가능해지지 않을까요?

고 양 이   잡 학 사 전
고양이 기분을 나타내는 수염

고양이가 칭찬 받았을 때나 기분이 좋을 때는 수염이 꽃 핀 것처럼 퍼진다. 무서
울 때나 화가 났을 때는 볼과 얼굴에 수염이 딱 붙거나 아래쪽으로 처진다.

쓸데없는 행동이란

자연에서는 수많은 생명이
태어나고 자라납니다.
햇빛은 나무와 풀,
그리고 꽃에 골고루 다가갑니다.
차별하는 일 없이
공평하게 싹 틔우고 꽃 피우고
열매를 맺을 수 있도록 합니다.

나. 혼자 잘되겠다고
안달하는 일은
쓸데없는 행동입니다.

자연은 한결같은 태도로
모두를 대할 테니까요.

🐈 고 양 이   잡 학 사 전
얼굴이 납작한 고양이

'페르시안 고양이'나 '엑조틱 쇼트헤어'처럼 얼굴이 납작한 고양이를 키운다면 항
상 눈을 청결하게 해주어야 한다. 이러한 종들은 돌출형 안구이기 때문에 다른
종보다 쉽게 감염에 노출된다. 눈물샘에서 분비된 눈물도 눈물관으로 잘 흐르지
않는다.

나를 버리면 얻을 수 있는 것

하늘과 땅은 영원합니다.
언제나 그 자리에 있을 뿐이죠.
자기 스스로를 위하느라
애쓰거나 발버둥 치지 않기에
영원히 그 자리를 지킬 수 있습니다.

나보다는 다른 사람을 위하고
헛된 욕심을 없애보세요.
나를 앞세우며
이 일 저 일 꾸미지 말고
이기적인 마음을 비워보세요.

나를 버리면
내가 완성됩니다.

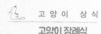 고 양 이 상 식

고양이 장례식

무분별하게 버리는 동물 사체로 공중위생 문제가 심각하다. 이로 인해 허가를 받
아 등록된 동물장묘업체를 통해 사체를 처리하는 사람이 늘고 있다. 홈페이지
www.animal.go.kr에 접속하면 등록된 업체를 찾아볼 수 있다.

더 사랑해야 하는 이유

병원이 많이 생기는 이유는
아픈 사람이 많아졌기
때문입니다.
가족 간의 사랑이 강조되는 이유는
화목한 가정이
줄어들기 때문이겠지요.

모두가
사랑하고 있다면
'서로 사랑하라'는 말은
필요 없어질 테니까요.

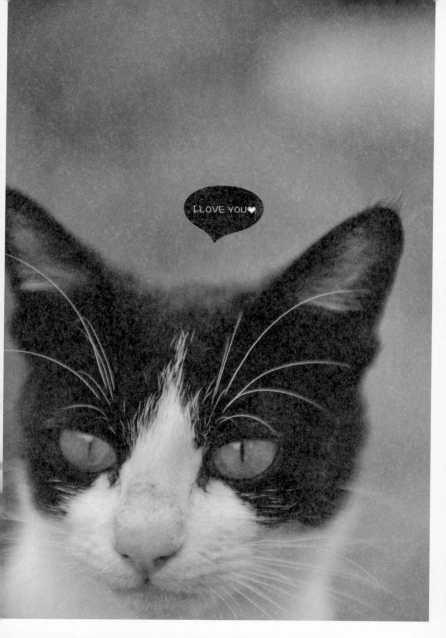

싸우지 않고 이기는 법

싸움은
혼자서 할 수 있는 것이 아니기에
상대가 필요합니다.

싸움을 걸어오는 상대방을
상대하지 않는다면
싸움이 불가능해집니다.

싸우지 않고도
이기는 방법입니다.

고 양 이   잡 학 사 전

명한 눈

간혹 고양이가 엉뚱한 방향을 물끄러미 응시할 때가 있다. 이 경우 대부분 뭔가
를 보고 있는 것이 아니라 듣고 있는 것이다. 고양이는 우리의 귀에는 들리지 않
는 높이의 소리까지 들을 수 있다. 궁금한 소리가 나면 그 방향을 향해 가만히
귀를 기울이는데, 그 모습이 뭔가를 응시하는 것처럼 보이는 것이다.

좋은 리더가 되고 싶다면

좋은 리더가 되고 싶다면
물과 같아지세요.

물은 언제나
낮은 곳을 향해 흐릅니다.
낮은 곳으로 흐르기에
결국 큰 강을 이루지요.

리더가 되었다고 아랫사람을
몰아세우고 닦달하는 대신
그들을 존중하고, 자기 자신을 낮춰보세요.
좋은 리더를 알아보고 사람들이
따르게 될 것입니다.
자신을 낮추면 높아지고
높이면 낮아진다는 사실을 명심하세요.

고양이 잡학사전

묘안석 猫眼石

보석의 일종으로 고양이 눈처럼 생겨 '캣츠아이'라고 한다. 금록석에 속하는 것
과 석영에 속하는 것 두 종류가 있는데, 금록석에 속하는 것이 1급 보석으로 가
치가 높다.

텅 비어 있어 훌륭한

아무리 비싼 그릇이라도
그릇 역할을 할 수 있는 것은
속이 비어 있기 때문입니다.
집도 마찬가지입니다.
그곳에서 사람이 살 수 있는 이유는
안이 비어 있기 때문이지요.
어떤 의미에서 비어 있다는 것은
형태가 없다는 것을 뜻합니다.

눈에 보이지 않는다고
쓸모없는 것이 아닙니다.

있음을 쓸모 있게 해주는
없음의 존재를
잊어서는 안 되겠지요.

고양이 잡학사전

좁고 어두운 곳

고양이는 좁은 장소에서 안정을 찾는 동물이다. 따라서 본능적으로 좁은 곳으로
숨어들어가는 경향이 있다. 거의 대부분은 조그만 박스나 봉투가 보인다면 그곳
을 향해 들어갈 것이다.

진정한 자유를 누리는 법

사람들은 자주 자유를 꿈꿉니다.
여러분이 꿈꾸는 자유는 무엇인가요?
휴일 늦게까지 잘 수 있는 것을
자유라고 할 수도 있겠지요.
하지만 이런 자유는 휴일이 지나고 나면
사라져버리고 맙니다.

진정한 자유는
일시적인 것이 아닙니다.

자연스럽게 세상의 흐름을 받아들이고
그 은은한 리듬 속에
자신을 맡긴 삶.
진정으로 자유를 만끽하는 방법입니다.

고 양 이 에 관 한 신 기 한 이 야 기

고양이의 나이

고양이의 한 살은 인간의 17~20세, 두 살은 23~25세에 해당되며, 이후에는 1년
마다 4, 5세씩 비례해 나이를 먹는다고 계산하면 된다. 한편, 집고양이의 수명은
14~18년이지만 길고양이는 2~6년으로 짧다.

끌리는 사람이 되는 법

새하얀 것일수록
더러워지기 쉽습니다.
반듯한 네모는 모서리가 날카로워
다치기 쉽습니다.
완벽해 보이는 사람에게는
다가가기가 쉽지 않습니다.

너무 완벽해지려고
애쓰지 마세요.

어딘가 조금 모자란 듯해야
마음이 더 끌리는 법입니다.

유 명 한   고 양 이

고양시의 마스코트 고양고양이

경기도 고양시는 시의 이미지를 홍보하기 위해 고양이 캐릭터를 내세워 소통하
고 있다. 고양시의 얼굴이 된 고양이는 말끝마다 '~고양'이라는 끝맺음 말을 붙
이는 '고양이체'를 사용하여 인기를 끌고 있다.

세상은 언제나 조화롭다

세상 만물은 언제나 조화를 이룹니다.

해가 지면 달이 뜨고,
여름이 지나면 겨울이 오지요.
자연의 움직임 속에서는
무엇이 낫고, 무엇이 덜하다는
개념조차 없습니다.
그저 조화롭게
균형을 이룰 뿐입니다.

살다보면 손해를 보았다고 생각했는데
득이 되는 경우가 있습니다.
득을 봤다고 생각했는데
손해가 되는 경우도 있지요.

얻음을 잃기도 하고,
잃음을 얻기도 하면서
삶은 조화롭게 흘러갑니다.

고양이에 관한 재미있는 이야기

고양이 눈에 비친 주인

영국 《데일리메일》은 "동물 분야 권위자인 존 브래드쇼 박사가 고양이는 주인을
'몸집이 크고 공격성이 없는 다른 고양이'로 인식한다"고 주장했다고 보도했다.
그에 따르면 고양이가 주인에게 꼬리를 드는 행동은 호감의 표시이며 주인을 친
구처럼 여기는 행동이라 한다.

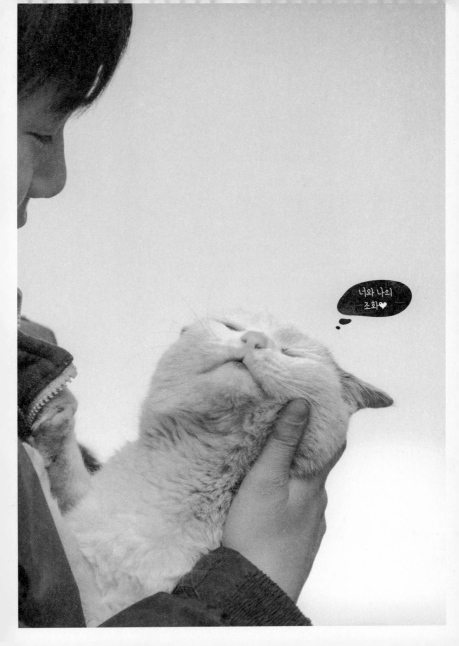

기운 빠진 당신에게
비타민 같은 책

세상에는 훌륭한 사람과,
그런 사람을 본받으려고 노력하는 사람들로
가득 차 있습니다.
'조금 더, 조금만 더, 힘내자!
그러면 더 빨리 꿈이 이루어질 거야!'
그렇게 자신을 다독이며 목표를 가지고 공부하고,
기술을 익히며 살아가는 사람 또한 많습니다.
하지만 하나를 손에 넣으면
또 다른 것이 갖고 싶어지는 것이 우리 마음입니다.
아무리 애써도 원하는 삶에서
점점 멀어지는 느낌이 드는 것은 왜일까요?
'꿈은 이루어지지 않기에 꿈'이라고 말하기도 하죠.
너무 쉽게 이루어지는 꿈은 시시하고,
그렇다고 이룰 수 없는 꿈만 꾼다면
그 또한 안타까운 일입니다.
이렇게 하루하루를 어떻게 살아갈지 고민하는 우리에게
노자는 '있는 그대로'라고 말합니다.

노력하거나 애쓰는 것이 결코 나쁜 일은 아닙니다.
하지만 지나치게 애쓴 나머지
자신이 고장나버리면 안 되겠지요.
우리는 자신도 모르는 사이에 자기 자신에게
필요 이상의 짐을 지우고 있는지도 모릅니다.
사회적으로 이루고 싶은 목표를 향해 애태우느라
마음 편할 날이 없지요.
이제, '나'라는 작은 우주를
가만히 들여다보는 것은 어떨까요?
물론 무언가를 발견할 수도 있고
그렇지 못할 수도 있습니다.
'이대로 괜찮다'는 노자의 가르침은 큰 위로가 됩니다.
살짝 기운 빠진 당신의 마음에
이 책이 비타민이 되기를 바랍니다.

이토 준코

고양이는 말없이

홋카이도에서 오키나와까지
길고양이 사진을 찍기 시작한 지 5년이 지났습니다.
세어보니 300마리가 넘는 고양이들을 만났더군요.
한 마리 한 마리 깊은 추억을 간직하고 있습니다.
고양이들의 삶을 지켜볼 때마다
고양이에 대한 애착과 경이로움은 커져만 갑니다.

바깥 삶은 고양이에게 결코 녹록하지 않습니다.
목숨을 위협받는 나날의 연속입니다.
그래서 부모, 자식도 아니지만 마음이 맞는 고양이끼리
서로 의지하며 지내거나 큰 무리를 짓기도 합니다.

고양이의 섬으로 유명한 다시로지마에서 만난
고등어 무늬 고양이는 사진 모델을 해준 후에도
제가 타고 갈 배가 떠나는 시간까지 제 옆에서
계속 눈을 감고 섬의 산들바람에 털을 날리며
평화롭게 웅크리고 앉아 있었습니다.
마치 노자의 가르침인 '있는 그대로 살아가라'를
몸소 보여주는 것만 같았습니다.

자연을 온몸으로 느낄 수 있는 고양이에게
우리가 살아가는 의미를 묻고 싶습니다.
고양이는 그저 말없이 바라만 보겠지만요.

미나미하바 슌스케

괜찮아, 고양이

초판 1쇄 발행 2015년 8월 8일
초판 2쇄 발행 2020년 6월 18일

지은이 이토 준코 · 미나미하바 슌스케
옮긴이 박미정
펴낸이 신주현 이정희
디자인 조성미
용지 월드페이퍼
제작 아트인

펴낸곳 미디어샘
출판등록 2009년 11월 11일 제311-2009-33호

주소 03345 서울시 은평구 통일로 856 메트로타워 1117호
전화 02) 355-3922 | 팩스 02) 6499-3922
전자우편 mdsam@mdsam.net

ISBN 978-89-6857-153-4 13490

이 책의 판권은 지은이와 미디어샘에 있습니다.
이 책 내용의 전부 또는 일부를 재사용하려면 반드시 양측의 서면 동의를
받아야 합니다.

www.mdsam.net